TIME, SPACE, AND ENERGY

时间空间能量

Natural philosophy principles that everyone should understand

人人都应该懂的自然哲学道理

Xiaozhong Zhai

翟晓钟 著

AMERICAN ACADEMIC PRESS

AMERICAN ACADEMIC PRESS

By AMERICAN ACADEMIC PRESS

201 Main Street

Salt Lake City

UT 84111 USA

Email manu@AcademicPress.us

Visit us at http://www.AcademicPress.us

ISBN: 979-8-3370-8950-8

Distributed to the trade by National Book Network Suite 200, 4501 Forbes Boulevard, Lanham, MD 20706

10   9   8   7   6   5   4   3   2   1

变化的时间等于变化的空间，也等于变化的能量和变化的曲度。时空，能量和它们的曲度的变化是物体或质量运动的表现形式。空间，不论是宏观还是微观，都是有轴自旋球形空间。空间中心，大质量物体绕轴自旋，小质量物体绕其作轨道运动。自旋和轨道运动过程都是波的传递过程。波的周期，都遵守伽利略单摆周期定律。物体的空间即是物体的引力场。物体的引力场是无限大的，其引力的方向总是指向球形空间的球心。正因如此，任何两个物体，其引力场曲度方向总是相反的。它们互相吸引或互相作用。

The time of change is equivalent to the change in space, energy and curvature. The time-space, energy and curvature are the manifest of the motion of objects or masses. Space, whether macroscopic or microscopic, is an axially spinning spherical space. At the center of space, the object with large mass rotates around its axis, while small mass objects orbit around it. The process of both spinning and orbital motion are the moving processes of waves. The period of the wave always obeys Galileo's law of the simple pendulum period. The space of an object is its gravitational field. The gravitational field of an object is infinite. The direction of gravity is always directed towards the center of the spherical space. Because of this, the curvature direction of the gravitational field of any two objects is always opposite. They are attracting or acting on each other.

目录

前言

时间，空间和能量是当今物理界，天文物理界，知识界和哲学界最难回答的问题，也是当今物理界，天文物理界，知识界和哲学界最具争议的问题，也是各界人士迫切想知道的问题。

时间是什么？空间是什么？能量是什么？这三个概念，既属于物理学的概念，也属于自然哲学的概念。本书不仅简明讨论回答了上述问题，并阐述了三个哲学概念之间的关系。

简单的说，时间，空间和能量是物体运动的表现形式，也是自然事物和其个体生命的表现形式。离开物体的运动，离开事物和其个体的存在，时间就不存在了。时间不存在了，空间和能量也就不存在了。也许有人说，时间，空间和能量是客观存在的，和有没有物体的运动无关，和事物及其个体的存在与否无关。但是，时间，空间和能量，离开物体的运动，离开世界自然事物和其个体的生命过程，就没有意义了。人是属于自然事物，离开人去讨论任何事物都是没有意义的。没有人的存在，没有人的认识，自然界的一切一切都失去了存在的意义，尽管它们是存在的。

　物体有静止质量，也有运动质量，二者是不同的。既然时间，空间和能量是物体运动的表现形式，所以时间，空间和能量离不开物体和物体的质量。可见，时间，空间和能量也是物体和物体质量存在的表现形式。时间，空间和能量具有物质性。时间，空间和能量是物体和物体质量运动变化的表现形式。时间，空间和能量的变化和物体质量的运动变化是等价的。

时间，时间距离，时空和时空间曲度

时间是什么？这是物理学家，天文物理学家和哲学家最难回答和最具争议的问题，也是社会各界普人士更想知道的问题。我们常说"一寸光阴一寸金"，其寓意有二：一是喻时间宝贵，二足说时间可以用尺寸长度单位量度。但其内真味是暗喻时间是不具体的，留不住，抓不着，虽以黄金作价也无妨。但当我们引入时间距离这一概念后，真正可以付得起一寸光阴一寸金的人，世界上只怕难找儿人。

目前，不论时钟的种类如何，时间的概念和量度单位，都是以地球自转一周划分为二十四小时为基础的。如此顺次分割，自转 360 度，是一天，是 24 小时。自转十五度为一小时，自转四分之一度是一分，自转二百四十分之一度作为一秒。

如某人站在地球上某一点，随地球自转了一周，相对太阳位移了三百六十度，意味着那人度过了一天，或者说，那人支出了一天的生命。

一天的生命，或生命的一天，究竟有多长？或许你马上可以答出，不就是二十四小时吗！不对，二十四小时是人为的量度值。一天的生命真正的长度，是他所在点地球切面圆的周长。换一句话说，对该人来说，所谓一天的时间长度，就是他生活在地球上相对太阳位移的距离。数值上等于他所在点地球切面圆的周长。

所谓时间距离（在地球上的时间距离），就是事物或它的个体相对太阳随地球自转位移的距离。时间距离这一新概念，对于实际生活和科学理论到底有什么意义，这便是本文将要讨论的问题。

首先，让我们讨论事物和它的个体，因处于地球表面不同的位置或不同的纬度引起的生命表现差异。地球是一个近于球形的椭球体，赤道部位切面圆的周长值最大。因为此处切面圆的直径最大。随着纬度的升高，愈向两极，它所在切面圆的直径愈小，其周长也愈小。地球绕自身的自旋轴自转，若按度数计算时间，不论纬度如何，都是一致同步的。若按时间距离计算时间，纬度不同，每秒、每分、每时、每天的时间数值则不同了。不难理解，赤道部位一天的时间距离远远大于高纬度部位一天的时间距离。故赤道部位的一天可称为长天，高纬度部位的一天可称为短天。同理，高纬度部位的一年可称为小年，或短年。赤道部位的一年可称为大年，或长年。如同样六十岁的人（或处于赤道部位的事物或它的个体），随地球自转一周，赤道的周长就是一天二十四小时的距离，也就是人一天的生命距离。赤道部位人的真正寿命，以时间距离计算，远比高纬度部位人的寿命要长得多。假设高、低纬度人生理岁数是相同的，若想取得同样的寿命，同样的时间距离，高纬度部位的人必定要比赤道部位的人随地球自转次数要多。故当低纬度人的岁数是六十岁。高纬度部位的人的岁数要大于 60 岁。换句话说，赤道部位的人活六十岁，高纬度部位的人则活六十岁以上。

事实上，高纬度人的平均寿命远远高于赤道部位人的寿命。当然，影响寿命的因素很多，如种族，社会环境，自然环境，特别是营养状况等。但时间距离差异所引起的地球不同部位事物或其个体寿命的差异，不能说不是一个存在因索。

其次，让我们讨论顺地球自转和逆地球自转，时间距离不同所带来的生命表现差异。因为时间距离是以顺地球自转（相对太阳）的位移距离作为标准，其值为正值，逆地球自转的位移距离则为负值。

假设甲乙二人沿赤道乘火车旅行，甲顺地球自转方向而行，乙则逆地球自转方而行。二者所乘火车的速度正好等于地球自转的速度。甲乙二人从同一点同一时（早上六时）出发，于晚上六时，甲乙二人正好在地球另一半与出发点相对应的一点相遇。此时，地球正好自转半周。由于甲乙二人所乘火车相对地球表面的速度，正好等于地球的自转速度，故六小时后，地球自转四分之一周时，甲实际相对太阳的位移已经相当于地球的半周了。当十二小时后，地球自转半周，甲相对太阳位移了相当于地球的一周整。乙则相反，当地球自转四分之一周时，乙相对太阳的位移则为零。当地球自转二分之一周时，乙相对太阳的位移仍为零。故十二小时后，甲和出发点部位居民相比较，甲十二小时相对太阳位移的距离，比当地居民十二小时的时间距离多一倍。出发点当地居民度过了半天，即从其生命中支出了半天寿命。而甲则度过一天，从其寿命中支出了一天的寿命。换言之，甲的寿命比出发点当地居民的寿命少了半天，或曰当地居民比甲年轻半天。

反之，乙与出发点当地居民相比，乙未发生和太阳相对的位移，对乙而言，十二小时之时间距离则为零。故乙从寿命中无支出。乙比当地的居民的寿命多半天，或年轻了半天。甲和乙相比，甲则比乙的寿命少一天，或者说乙比甲年轻了一天。

太空人乘航天飞机顺着地球自转方向绕地球飞行，以地球的时钟计时，二小时绕地球一周。不难理解，地球自转一周，太空人已顺地球自转方向，相对太阳，位移十二周了。即地球表面上的人度过一天，太空人已度过相当于十二天或十二天以上了。因为航天飞机绕地球飞行的半径，必然大于地球的半径。地球表面上的人，从其寿命中支出了一天的生命，太空人已从寿命中支出了十二天以上的生命。或者说，地球表面上的人比太空人年轻了十二天，太空人比地面上的人老了十二天。即天上十二天，地上才一天。如果地球自转一周，航天飞机绕地球飞行三百六十五周。则地上一天，天上一年了：或者说天上一年，地上才一天。如此，飞行下去，地上一年，天上已三百六十五年了。或天上三百六十五年，地上才一年。

反之，若太空人乘航天飞机逆地球自转方向飞行，如果地球自转一周，太空人乘坐的航天飞机逆地球自转方向飞行三百六十五周，与上述顺地球自转方向飞行相反，天上一天，地上已一年了。天上一年，地上已三百六十五年了。

上述数字只是一相对数字，并不能代表人的真正寿命。因为生命过程都是频数过程。当然，影响人类寿命的因素是很多的。上述例子，只不过便于以实例说明时间距离，理解时间距离这一概念而已。

从上述例子可以想像，时间可以正流，也可以倒流。时间可以是正，也可以是负。中国古人说：无可奈何花落去，哀叹时光流逝将一去不复返。今日有了时光可以倒流，不是人间也胜似仙境了吗？

时间可以正流，倒流，是否可以凝立不动呢？上述甲乙两人乘火车旅行的例子中已经提到，乙逆地球运动，其速度等于地球自转速度，乙的时间即是凝立不动。再一个方法是乘宇宙航船，作垂直于地球自转方向的飞行，在地球自转方向上，时间距离也同样是零。时间也就是凝立不动的了。

不言而喻，地球上一切事物或它的个体，如不作相对太阳的位移运动，便没有其生命，便没有其时间。一句话，没有运动，便没有时间，便没有生命。没有相对太阳的地球自转式圆周运动，也没有地球上一切事物或它的个体的时间和生命。生命和时间，是地球相对太阳运动的表现，是其运动距离的表现。

至此，我们应该可以理解时间距离的意义了。所谓时间距离，就是地球上的一切事物和它的个体随地球自转相对太阳位移的距离。时间的变化就等于距离的变化。距离的变化就是空间的变化。或者说，时间的变化就等于空间的变化。

时间一天的距离，是一个地球切面圆的周长。是一条曲线。于是，时间便有了曲度的性质。

有了时间距离这一概念，时间便不再是抽象的概念了。时间是具体的，可以用尺子量度的。故"一寸光阴一寸金"谁又能付得起呢？

既然时间是距离，可以用尺子量度，时间表达的是物质运动的过程，它也表现有物质性。换言之，时间是物质运动的表现形式之一。

上述讨论的时间，是以地球绕太阳自转，并作匀速圆周运动为基础的时间。凡地球上相对太阳作曲面曲线运动的一切事物或它的个体，其生命过程都可以用这一时间来表达。

显然，没有地球的这一运动，便没有这一时间。因为这一时间是用来表达事物或其个体的生命过程，例如寿命。因此，我们将这一时间称为生命时间。又因为这一时间方向上的距离是曲面上的一条曲线，故又可将该时间称为曲面曲线时间，或曲面时间，以和下而讨论的平而直线时间相区别。

下面接着讨论相对地球作平面直线运动的事物或个体所表现的时间。

在立体几何的三维空间内，如一物体相对地球上某一点的三维平面空间的一个平面上运动，通常我们称这样的运动为平面运动或称为平面直线运动（忽略平面曲线运动）。表达和反映这一运动存在的时间称为平面时间或平面直线时间。

事物不同，个体不同，其平面直线运动的速度不同。如火车的速度不同于老牛的速度；老年人步行的速度不同于年轻人步行的速度。如此，单位时间距离就有了差异。若火车每秒运动四十米，对火车而言，其每秒的时间距离为四十米。老牛每秒走一米，对老牛而言，其每秒的时间距离为一米。火车对老牛而言，火车的时钟是快的。老牛对火车而言，老牛的时钟是慢的。不难理解，平面运动或称为平面直线运动，不同事物或个体，都有自己不同的单位时间距离，其值等于它的运动速度。不同事物或个体，都有自己不同于其它事物或个体的时钟。这一点和曲面时间概念不同。曲面时间，其单位时间距离，每秒、每分、每时，不论对任何事物或个体，都是一样的。只要它们在地球上，只要它们的运动和地球自转同步作匀速圆周运动，只要它们在同一纬度上。

另一方面，在平面直线运动中，不同事物或个体运动方向不同，其时间方向也不同。平面时间方向，就是力的作用方向。这一点也不同于曲面时间，曲面时间方向就是地球自转的方向。

平面直线时间，其时间距离为一直线（忽略局部的非直线运动）。曲面曲线时间，其时间距离为一曲线。

平面直线时间表达反映的是事物或个体在某一直线运动方向上的运动存在和运动存在的距离，或运动存在的寿命，而不是事物或个体自身的寿命。曲面时间表达的是事物或个体在某一曲面曲线运动方向上运动存在和运动存在的距离，或运动存在的寿命，即事物或个体自身度过的寿命。

由于平面时间的单位时间距离不同，方向不同。因此，目前使用的时钟不宜用于计算平面时间，只宜用于计算曲面时间。因为目前使用的时钟，都是依地球绕同一轴自转原理制成的。所谓一秒就意味着事物或个体所在点切面周长的二百四十分之一度弧的长度。

这一概念应用到平面直线时间，就非常难为时钟了。

事实上，我们无办法为每一事物、每一个体的每一次不同的直线运动制造不同标准的时钟。故今日之时钟对于平面时间只起一个仲裁的作用，是一共用参照物，是一个背景参数。不论任一事物或个体的任一运动，不论其速度和方向如何不同，时钟秒针每走一格就是一秒。至于一秒的时间距离和方向差异，那是各事物、各个体自己的事情。正如上所述，对火车而言，每秒的时间距离为四十米，方向是火车运动的方向；对老牛而言，每秒的时间距离为一米，方向是老牛运动的方向。

我们已经知道，对于曲面时间，时间距离就是事物或个体生命过程。平面直线时间则非如此。平面时间表达的是运动存在，与事物或其个体的寿命无关。

如火车和老牛，在同一方向上，在同一距离内运动，火车总是花费较少的时间就到达目的地。因此，火车的运动存在的时间过程则较短，或曰其运动寿命较短。而老牛则相反，老牛运动的时间过程较长，其运动寿命亦较长。

平面时间是事物或个体运动的表现。其运动过程长，则意味着运动寿命长。其运动过程短，则意味着其运动寿命短。

这里必需再次强调指出，在平面时间系统内所谓寿命指的是运动存在，不是事物或个体的自身存在。平面运动不存在，事物或个体仍存在。如火车运动三小时停止了，即火车运动寿命为三小时。火车停下来，运动不存在了，但火车自身仍存在。在曲面时间系统内，事物或个体只要存在，其运动就存在。反之，只要事物或个体不存在，其运动便不存在。故曲面时间表达的是事物或个体的自身存在的生命过程或寿命过程。

在曲面时间系统内，只要太阳系存在，只要地球存在，地球就会不停的自转下去。因此，只要事物或个体存在，时间距离可说是无限的。对平面时间而言，距离若有限，事物或个体的运动寿命亦有限。如北京开往广州的火车，是距离有限的运动。若火车运行四十八小时到达目的地，其运动存在亦为四十八小时。若距离延长，火车运动存在的寿命亦延长。距离无限延长，其运动存在寿命亦可无限延长。距离无限短，其运动存在寿命亦无限短。在实验室内很难侦察到快速运动的粒子就是这一原因引起的。因为实验室不可能太大，距离有限，而粒子的运动速度又非常快，几乎等于光速，故瞬间消失。同样的粒子若从太空向地球发射，因距离长，粒子存在时间就可达数分或数秒。

对于平面时间，由于单位时间距离长短随着事物或个体在平面上运动速度的变化而变化，故当距离一定时，速度越快，单位时间距离越长，其运动寿命越短。速度越慢，单位时间距离越短，其运动寿命愈长。或者说，速度愈收缩，其运动寿命则愈长。反之，速度愈膨胀，运动寿命则愈短。

故对于雇员而言，效率越高，任务完成越快，职务丢的也越快。对于军阀，战争结束越快，对其越不利。因为战争一结束，军阀存在的意义也不大了。

由于平而时间的单位时间距离具有可变性和可伸缩性，因而时间也可像弹黄一样被拉长或压缩。观察迎而而来的火车就是平而时间逐渐被拉伸或压缩的最好例子。

若火车以每秒五十米的速度运行，观察者站立地面点距第一秒的时间距离为四百五十米，第二秒的时间距离为四百米，如此递减，第九秒的时间距离为五十米，第十秒的时间距离为零。这样计时，距离的数字越来越小，而秒的计数是越来越大，二者不谐调。将时间倒过来，改为第十秒开头，顺次为 10、9、8……2、1、0。如此，就和距离数变化顺序一致了（见图）。

从图中不难看出，第十秒的时间距离为五百米，第九秒的时间距离为四百五十米，如此递减，第 1 秒的时间距离为五十米，到达观察者站立点时，距离为零，时间为零。在这一过程中，时间距离由每秒五百米，逐渐被压缩，直至为零。

```
0   50   100   150   200   250   300   350   400   450   500 米
————————————————————————————————————————————————————————————————————————■火车
0   1   2   3   4   5   6   7   8   9   10
```

与 0 点相当的位置，是观察者的站立位置。◀..........火车运动方向

观察迎面来的火车时，时间距离逐渐被压缩示意图

在这一过程中，时间向着观察者运动，单位时间距离逐渐被压缩，或者说时间逐渐被压缩。对观察者来说，有感到时间的秒针越跳越快的感觉。好似开始走了五百米秒针才跳一次，而最后只走了五十米秒针便跳一次。虽然火车的速度不变，观察者感到，火车的运动速度愈来俞快。这是因为单位时间距离被压缩，同样是一秒长的时间距离，其空间距离逐渐变短，故感觉时间的秒针越跳越快，感觉速度越来越大（见图）。

倒数计时法，正是这一现象的应用。因为倒数计时，随着时间距离的运动和压缩，人有一种紧迫感，注意力和责任心便大大提高。

和上述过程相反，观察者观察火车离开自己时，

单位时间距离则逐渐拉长。即单位时间被逐渐拉长。虽然火车的速度不变，但观察者觉得时间的秒针越跳越慢，火车愈行愈慢。

正常情况下，在一定的时间距离，声波的密度是一定的。当时间的距离被拉长时，声波的密度减小，声波的密度减小，就意味者声波的频率变小，声波的周期变长。于是，我们听到的火车鸣笛声音低沉。反之，声波的密度则增大。声波的频率变大，声波的周期变短。于是，我们听到的火车鸣笛声音高昂。

这一现象，首先是多勃勒描述的，故将这一现象称作为多勃勒效应，或多勃勒现象。多勃勒效应现在已是众所周知的物理现象。物体向着观察者运动时，单位时间距离逐渐缩短，声波的传播密度逐渐升高，等于频率逐渐增加。物体离开观察者运动时，单位时间距离逐渐拉长声波的传播密度逐渐下降，等于频率逐渐减小。如此，火车向着观察者运动时，汽笛声高昂。离开观察者运动时，汽笛声低沉。声波如此，光波亦如此。多勃勒最早对这一现象作了报导，但没有解释为什么会发生频率的变化，这也一直是一个迷。单位平面时间的拉长和压缩现象就可以解释这一现象了。单位时间距离拉长，波的密度减低；时间距离压缩，波的密度增高。同样是一秒钟，当时间距离压缩为一半之时，波的密度增加一倍，反之亦然。

天文学家利用光的波密度变化就可以判定天体是朝向地球运动，还是离开地球而运动。光波的密度和频率的变化，表现为光谱线的位移。故科学家利用光谱线的位移，就可判断宇宙中天体运动的方向。当天体朝向地球运动时，地球上的观察者就会发现每秒收到的光波数目增多，光谱向蓝的方向移动，故又称为光的蓝移现象。反之，当天体离开地球运动时，每秒收到的光波数目减少。光谱向红的方向移动，故又称为光的红移现象。

为什么会发生这一现象呢？这是因为天体离开地球运动时，单位时间距离逐渐拉长，每秒收到的波数逐渐减少。反之，当天体向着地球运动时，单位时间距离被逐渐压缩，每秒收到的波数逐渐增加。利用这一原理，天文学家不仅可以判断天体的运动方向，也可以判定天体运动速度的变化。

光谱的红移或蓝移，是观察者和天体运动的方向相对变化引起的。这一现象只与这两个因素有关：地球上的观察者和天体运动的方向。如观察者观察远离自己的火车，火车离观察者愈远，愈红移。这一愈红现象并不能说是火车的背景时空在膨胀，或者更不能说火车远离观察者及红移是背景时空膨胀引起的。观察遥远天体光的红移现象也是如此。天体离地球上的观察者越远，似乎是天体朝向远离地球上观察者运动。故愈遥远的天体，愈红移。这一愈红移现象，并不代表这一愈红移现象和其宇宙背景有关，不一定是宇宙膨胀的表现。

曰常生活中，有关时间象弹簧一样被压缩、拉长的例子很多很多。如夏日晴空，流星划破蓝天飞驰而过。流星向地球运动，流星运动所表现的时间也朝向地球运动。如此，单位时间距离逐渐压缩，时间逐渐变快。观察者感到流星运动越来越快。流星落地一霎那，单位时间距离逐渐被压缩为零，时间瞬间凝固。若观察者注意力集中，好似在时间为零的一霎那，世界上的一切均凝固了，仿佛心脏也停止了跳动。观察荧光屏上电子数字表的倒数计时，也是如此。当零出现时，都会有突然感到周围一切都凝立不动的感觉。时间凝立不动，一切运动也仿佛立即停止。

又如，一男青年三天前已约好女友来访。此时，女友向着男友运动。开始，男青年计算时间以天为单位。到了第三天到了，计时则改为以小时为单位。到达约定小时后，计时改为以分为单位，到了双方己见身影还未拥抱在一起时，计时单位以秒为单位，到了双方突然拥抱在一起时，距离和时间被压缩为零。此时，双方都感到世界凝固了，除了爱，一切皆不存在。在这一过程中，单位时间距离由天压缩到小时；由小时压缩到秒；由秒压缩到零，时间距离压缩到零。

又如，人们常说：兵败如山倒，也是时间朝向观察者运动被压缩的例子。当失败的时间过程朝向你运动时，失败来之越来越快。犹如高山突然崩塌。反之，当胜利的时间过程朝向观察者运动时也是如此，胜利的到来也越来越快，犹如摧枯拉朽，势不可挡。如本世纪共产主义风潮席卷全球的四十到五十年代，资本主义国家一个接一个变色，致使人惊呼为多米诺骨牌现象。而八十年代末和九十年代初，世界上共产主义国家一个接一个变回颜色。其速度之快令人目瞪口呆，犹如大厦倾到，忽喇啦，一瞬间耳。

可见，一切事物或个体，当朝向观察者运动时，都会发生时间被压缩的现象。只要你努力，成功就在前面，而且来到就在一瞬间耳。只要你懒怠，失败也就在前面，而且到来也在一瞬间耳。火车向你运动时，风驰电闪，飞速而过。此时，光阴似箭，日月如梭。时间留不住，寸金难买寸光阴。

可见，多勃勒原理存在于一切事物或个体运动之中，这一现象不仅发生于平面时间，也会发生于曲面时间。平面时间内的多勃勒弹性变化是时间距离的变化，曲面时间内的多勃勒弹性变化是时间曲度的变化。因此，不妨将这一现象称为多勃勒时间弹性变化原理。

故对地球上的观察者而言，天体越远离太阳系或远离我们的银河系越遥远，即意味着天体朝向曲度越来越小的方向运动。如此，就越红移。宇宙有无数银河系。很多银河系离我们的太阳系非常遥远。就好像远去火车一样，地球上的观察者只能看到红移现象。至于这一红移现象是否一定意味着宇宙在膨胀，值得进一步探讨。

又如，如果观察者站在我们银河系中心物体上观察银河内天体的运动，距离银河系中心天体越远，天体在该处的空间曲度越小，光谱越红移。反之，太阳系在银河系边沿，站在地球观察较近银河系中心的天体，天体在该处的空间曲度越大，光谱越蓝移。

地球上的一切事物或个体，既随同地球自转作匀速圆周运动，也同时作参照地球表面上一点的作平面直线运动。由于平面直线运动是在三维平面上进行，也是随地球自转的圆周运动在曲面上进行的，故地球上的很多事物或个体都同时作曲面上和三维平面上的复合运动。

如一棵树，它在三维平面上运动，表现在长、宽、高的增长。一森林，它在三维平而上的运动，也表现长、宽（面积）、高的变化。而树和森林又同时随地球自转作圆周运动。如一树随地球自转二十次，即树的年龄为二十天。在这二十天内，小树苗从高一厘米，长高为二米。小树直径从一毫米，增粗为二厘米。亦即，它在曲面上表现的时间为二十天，在三维垂直平面上其时间距离仅为二百厘米，每天的时间距离变化仅为十厘米而已。而它在水平面方向上或长宽方向上，每天的时间距离仅为一毫米而已。树随地球自转表现的时间是曲面时间，表达的是树的生命存在过程，是物质，即碳氢氧的化学变化过程。是碳氢氧在光合作用下，变成糖，脂肪和蛋白质的过程，是质的变化过程。树在三维平面上的时间是平面时间，表达的是树在三维平面上物质在长宽高方向上的累积过程。曲面时间的一天，是生命或化学质的变化的一天。平面时间的一天，时间距离的变化等于物质量的增长（长宽高变化）过程，二者截然不同。

地球上一切事物质或个体，都和上述树的例子一样。在其诞生、成长、壮大、死亡的过程中，既表现为曲面上的运动，又表现为平面上的运动。其运动所表达的时间，既有曲面时间，也有平面时间。换言之，任何一事物或个体，其自身存在和其运动存在的表现，就是其曲面时间和平面时间的表现。它是一复合时间的表现。在这一过程中，发生于三维空间上，是物质的量在长、宽、高方向上的变化，是物质量的体积大小的变化。它是由平面时间表达的。而事物或其个体的生和死的生命过程是相应的物质、质的变化过程，是由曲面时间表达的。二者合起来，就构成了一个完整的事物和一个完整的个体变化过程。也构成了一个完整的时空。即以长、宽、高表示平面的时间和空间，加上曲面时间和空间，这样的时间和空间可称为四维时间或四维空间。简言之，四维时空。

在四维时空的坐标图中，平面时间和其距离表达的是事物或个体在三维平面上的运动存在过程或运动存在的寿命长短。这一过程和大小可用物质量的变化来表达。曲面时间和其距离表达的是事物或个体在曲面上生命或寿命存在过程。这一过程和大小可用物质、质的变化来表达。

曲面时间具有物质性，平而时间同样也具有物质性，道理是一样的。无论是平面时间还是曲面时间，都离不开物质事物或个体的运动。物质运动停止了，时间也就不存在了。换言之，时间是事物和其个体运动的表现。没有物质事物和其个体，就没有时间和空间。时间和空间是物质事物和其个体存在和运动的表现。故上述结论也可以换一个说法，没有物质和它的运动，也就没有时间和空间。时间和空间是物质运动的表现形式而已。这便是时间距离概念的理论意义。

时间不是无限的，地球和地球所在太阳系消失，一切和它伴随的时间也都随之消失，一切和它伴随的事物也随之消失。表达该事物的时间也消失，表达该个体的时间也消失。因此事物和其个体也随着消失。时间是具体的，它离不开事物和其个体而存在。

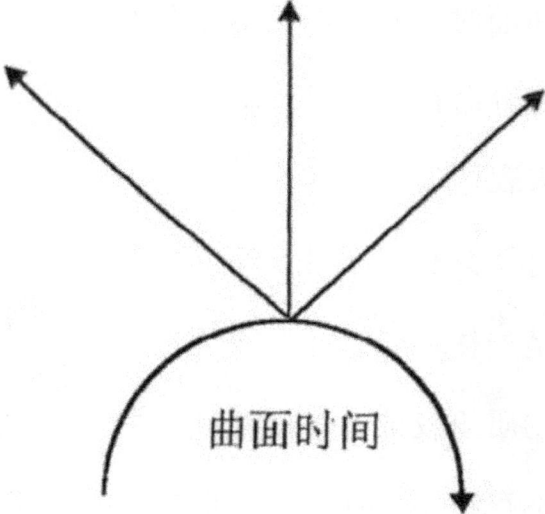

曲面时间

事物或个体生命过程的四维时空（曲面时空加上平面三维时空）坐标图

由于人们对此概念一直含混不清，总是将时间、空间看成是抽象的，不具体的，互不关联的，互相孤立而各自存在，其根本原因是忽略了时间距离这一概念，把时间和空间、把时空和物质运动隔离开来。

当我们应用四维空间坐标时，千万不要忘记它是地球系统的空间时间。不同的行星有不同的系统空间时间。不同的恒星有不同的恒星系统空间时间。当人们飞到月球或火星上时，空间改变了，时间也改变了，事物或其个体的性质也改变了。人到月球，他所在的时间和空间不同地球，他所拥有的生命形式也就不同于地球。因此，人不再是地球人，而是月球人了。于是，人获得了新的属性，是一种新事物了。这一种新事物便是月球人。直到他回到地球，才可回复地球人的本来形式。设想人类移居月球，运动形式和生命形式也将改变，一定对人的影响非常之大。因为月球人必竟不等于地球人。设想人类移居月球，一定对人类的影响非常之大。

有了曲面时间和平面时间的概念，使用时钟时，如航天飞机地面控制室人员，当火箭升空时，此时的钟表显示的时间，是平面时间。因为火箭升空的一瞬时，是作与地球表面一点的相对垂直运动，其内宇航员的生命过程是凝固不变的。当航天飞机进入轨道绕地球飞行后，此时钟表显示的时间，是曲面时间。若火箭沿顺地球自转方向运行，则时钟表显示的曲面时间是正值。若火箭逆地球自转方向飞行，时钟显示的曲面时间是负值。若航天飞机顺地球自转方向以地球自转速度的一倍速度飞行，钟表显示一小时，而宇航员和地面相比，实际已度过两小时多了。这就是同一时钟应用于不同时间系统所应注意的差异。

既然时间和空间是事物或个体运动的表现，因此时间和空间也遵守一切有关事物运动的物理学定律。非常易于理解，一事物或个体在平面时空内的直线运动存在的时间距离，就是物理学中所说的物体运动的距离。其单位时间的距离，就是物体运动的速度，二者是统一的。

事物或其个体由低曲度向高曲度运动，如向着地球运动，一定是匀加速运动。随着曲度变大，单位时间距离逐渐被压缩，物体的长度也逐渐被压缩变短。反之，事物或其个体由高曲度向低曲度运动，作匀减速运动，单位时间距离逐渐被拉长，物体的长度被拉长。如导弹从高空向地球俯冲时会发生的上述变化，必须考虑进去，才能使导弹不发生故障，精确到达目标。

地球系统时间小结

时间是物体或事物及其个体体运动的表现。有曲面曲线运动，就有曲面曲线时间；有平面直线运动，就有平面直线时间。

立体几何的三维空间是人为的，故平面直线时间也是人为的。在这个平面空间内，每一个事物，每一个事物的个体都有属于自己的时钟。不同的事物，不同的个体，它们的时钟也是不同的。现代时钟是所有运动形式的参照背景时钟。

曲面曲线时间单位的大小和方向是固定不变的。平面时间单位的大小和方向是变化的。多勃勒原理是平面时间距离和曲面时间曲度弹性变化的表现。

时间的长度，等于物体或事物及个体在空间的位置变化，表现为运动距离的变化。时间的变化就是空间距离的变化。故时间的变化就等于空间的变化。

时间变化是空间的变化，时间和空间是统一的。但不能直接的简单地说时间等于空间。去掉'变化'两个字，时间和空间就没意义了。

将时间和空间合称为时空，将时间的变化和空间的变化合称为时空变化。因此我们通常用'时空变化'四字来描述物体的存在和运动状态。

曲面时间的方向，单位时间距离是恒定不变的，它表达了事物或个体自身寿命运动存在。牛顿认为，只要时钟精确，时间是不变的，是绝对的。他指的时间，应该是地球曲面时间。但他并没有认识到，他的力学运动只发生在平面时空。平面时间的方向和单位时间距离是可变的，它表达了物体或事物及个体运动寿命存在。曲面时间，地球上所有的物体或事物及个体只有一个时钟。平面时间，每一个事物和个体都有自己的时钟。

所有曲面时间都遵守伽利略单摆周期公式定律。显示这一时间的时钟，可称之为伽利略时钟。

伽利略单摆震荡是波的运动形式。波的震荡周期计算公式如下：

$$T = 2\pi\sqrt{\frac{L}{g}}$$

T 代表单摆的震荡周期，L 代表摆的长度，g 代表地球表面重力加速度。

天体轨道周期也是波的运动形式。开普勒行星轨道周期的计算公式如下：

$$T = \sqrt{\frac{4\pi^2 R^3}{GM}} = 2\pi\sqrt{\frac{R}{g}}$$

T 代表行星的轨道震荡周期，R 代表行星的轨道半径，g 代表行星的轨道向心加速度，M 代表中心天体太阳的质量，G 是引力常数。

天体的自旋同样也是波的运动形式。天体自旋周期计算公式如下：

$$t = \sqrt{\frac{2.83\pi^2 r^3}{Gm - r^2 g}} = \sqrt{\frac{2.83\pi^2 r^3}{Gm_{spin}}} = \frac{2\pi}{3.735}\sqrt{\frac{r}{g}}$$

$$t \cong \sqrt{\frac{4\pi^2 r^3}{Gm_{spin}}} \qquad t \cong 2\pi\sqrt{\frac{r}{g}}$$

t 代表天体的平均自旋震荡周期，r 代表天体的平均自旋半径，m 代表天体的质量，Gm_{spin} 代表有效自旋质量，g 代表天体表面的平均重力加速度，G 代表引力常数。

天体自旋周期计算公式（见注）告诉我们。我们所使用的曲面地球时间，即地球自旋周期时间，也遵守伽利略单摆周期公式定律。可见，曲面时间的过程是波动过程（见下图）。显示曲面时间的时钟都是伽利略时钟。可见，在轴性自旋球形空间，只有一种时钟，那就是伽利略时钟。

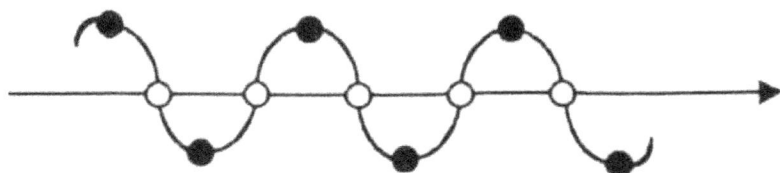

地球自旋时间波的传递过程

开始的第一黑点代表早上 6 时，第一白点代表中午 12 时，而后第二黑点代表下午 6 时，第二白点代表午夜 12 时。第三黑点代表第二天早上 6 时。此即一个完整的一天时间波。直线和箭头代表时间轴和时间波的传播方向。

既然如此，一切自然事物的生命过程都是波的运动过程。如，动物和植物生命过程中的生理活动通常是以波的运动形式出现。即每一生理活动都有自己的周期和频率，如心跳，呼吸，激素的分泌等。生物如此，非生物事物也是如此。如地球大海的底部隆起变化为山脉，而山脉下沉变化为海洋，就是一个波的运动过程。因此自然事物和其个体的生命过程，是波的运动过程。如一天，地球自旋一周的过程，就是一个波的传递过程。如此反复，一个波接着一个波，就形成了时间波的正弦波。

一切自然非生命物体都有质量，都是轴性自旋球形物体（见注）。一切轴性自旋球形物体空间内，只有两种运动形式：自旋运动和轨道运动。亦即，物体不是自旋运动，就是轨道运动。任何一个物体不是被比它质量小的物体绕行（轨道运动），就是它围绕自己的质量中心作自旋运动。而自旋运动和轨道运动过程都是波的运动。宏观物体的如此，微观粒子也是如此。所以，物体或粒子既是物体或粒子本身，也是波。

很多平面时间运动存在，也是波的运动表现。如北京到广州火车的来往运动，就是波的运动。如果火车在两地之间每天来回 6 次，即火车每天的运动频率是 6，每频的周期是是四小时。如人每天从家出发到上班的地点，而后又从上班地点返回家，周而复始，也是波的运动。每天从家内大书房走向睡房，又从睡房走向书房，周而复始，也是波的运动。凡此种种，数不胜数，都是波的运动。生活中各种事物或个体波的运动，时时处处存在。只是通常不太注意罢了。

如果人为的描述事物或个体既作曲面运动，也作三维平面上的复合运动，其运动表现的时间形式也是三维平面直线和曲面曲线的复合时间。

在曲面时空内，曲面时空曲度的大小是事物的属性之一。如不同的生物，其细胞形态是不同的，有的是球形的，有的是椭球形。椭率变了，新事物的个体就诞生了。各种生物事物，组成事物个体的物质在曲面时空内的排列组合方向和形式变了，就意味着事物获得了新属性。如构成生物机体结构蛋白质的合成是由核糖核酸控制的。核糖核酸有四种碱基。这四个碱基在时空内排列组合方式不同，核糖核酸就不同。于是合成的蛋白质也不同。构成生物的蛋白质不同，物种也就不同，于是新生物的个体也就此诞生了。生物的进化就是这样发生的。

在物理学范畴内，由于地球的空间是球形的。在这一空间内，物体的绝对平面和绝对直线运动是不存在的，绝对平面时间也是不存在的。三维空间内，两个水平面是弯曲的，平面则是弯曲的测地面，其内的直线实则是弯曲的测地线。

在自然界，没有所谓的平面几何三维空间，也没有所谓的平面三维时空。三维平面空间是人类为了研究几何学和数学的表达方法，是为了丈量土地面积，研究建筑业，工业制造，飞行空间技术等而创立和设立的。它是人为的。为此，我们有了大地测量学，有了弯曲不平的测地面和弯曲的测地线。对于飞机飞行来说，他不是沿着直线飞行，而是沿着测地线飞行，沿着测地线大圆飞行。

自然界，只有弯曲的面和弯曲的线。只有一维空间，或一维弯曲时空。这一时空便是轴性自旋的球形时空（见书后注）。即，时空是有轴的时空，是球形的，或近于球形的，是自旋的。自旋轴的方向和时空自旋方向可用右手定则来确定。大拇指所指的方向就是自旋轴的方向。其它四指所指的方向便是时空的自旋方向。宏观天体如此，微观粒子也是如此。如地球的时空自旋轴的方向是指向上，它的自旋方向就是逆时针方向。金星的自旋时空轴的方向是指向下，它的自旋方向就是顺时针方向。各种微观粒子，都因自旋轴的方向不同，其时空的自旋方向也不同。即每一种粒子，如电子，光子等，它们的时空也都是轴性自旋的球形时空，都有自己的自旋轴、自己的自旋轴方向和自己的时空自旋方向。

轴性自旋的球形时空内，曲面的半径越小，其曲度越大。曲面时间，在同一系统内，如地球系统，以地球中心为原点，半径小，曲面的曲度大；半径大，曲面的曲度小。故曲面时间有曲度的相对差异。和银河系相比，地球只不过是太阳系中的一个质点。因此，地球系统的曲面时空曲度小于太阳的曲面时空曲度。同理类推，太阳系的曲面时空曲度，小于它所在的银河系中心或宇宙中心的曲面时空曲度。宏观物体的曲面曲度小于微观物体的曲度。如原子的曲面曲度远远大于我们通常所说的物体。曲度越大，其内的物质密度也越大。曲度越大，其内的能量密度也越大。能量密度越大，能量的数值就越大。如原子的场能量密度大约是宏观物体的场能的的10^{32}倍。由于原子的时空的能量密度如此之大，原子内中心物体原子核和它的轨道物体电子之间的相互作用表现，我们将其称之为电。于是有了正电和负电之分。于是，原子内质子和电子之间的场和场的能量，我们把它定义为磁场和磁能。原子是轴性自旋的球空间，这个球形空间就是它的磁场空间。磁场也是轴性自旋的球空间。原子的自旋轴就是磁场的自旋轴。原子自旋轴的方向，就是它的场（磁场）自旋轴方向。我们通常将磁场的轴方向定义为磁南极和磁北极。自旋轴是无法切割的，磁轴是也无法切割的，故不存在磁单极。

可见，宏观物体的场，原子的磁场，正电（质子）和负电（电子）之间的电场，三者之间没有本质的区别，只有场的方向，场的能量密度大小的区别和场的强度高低或强弱不同。宏观物体的场强太弱，我们将它称为物体和物质的引力场。原子的场强太大，我们将它称为磁场。正电和负电之间的场，我们它称为电场。电场和磁场不可分割，二者合起来称之为电磁场。

物体的自由下落，牛顿认为是地球引力和重力的结果。爱因斯坦认为，物体的自由下落不是引力或重力的结果，而是空间弯曲的结果，是因空间不平的结果。但仅仅如爱因斯坦所说是因空间不平的结果是不够的，是不完善的表达。一切物体的时空都是球形的，是带有自旋轴的自旋球形空间。物体的自由下落，是轴性自旋球形空间的性质所决定的。在自旋轴性球形空间，只有两种运动，一是母物体（大质量物体，如太阳）的自旋，二是子体（小质量物体，如行星）绕母物体作轨道运动。如果在他们两者空间之间出现另一小质量的物体，它要么作轨道运动，要么就落入母体，加入母体自旋。没有第三种选择，因为在轴性球形空间内只有自旋和轨道两种运动。

能量和能量曲度

我们常说的能量是和力分不开的。当我们讨论能量时，首先要理解我们常说的力。

大自然的需求是自然事物和其个体诞生的轴心力量。自然力是自然事物和其个体诞生的推动力量。自然力创生了自然事物和其个体。自然力是什么。这是首先必须回答的问题。

因为我们人类所处的空间是地球空间，和其它天体一样，是一个有轴的自旋球形空间。地球上的自然事物和它的个体都是物质的，他们的形状，都带有曲度的性质。如植物的根茎的截面，植物的叶，植物的果实的截面，都是圆形或近乎圆形的。人体，动物的身体，都是曲线型的。动物植物的细胞都是近乎球形的。细胞内的器官，如线粒体，细胞核，也是近球状的。因此，自然界，只有曲面时间或曲面时空。自然界不存在人为的几何学的三维平面空间和平面直线时间。自然界不存在绝对的直线，不存在绝对的直线平面，不存在正方形，不存在直线平行四边形。

地球上的自然事物和其个体的诞生和发展壮大，都是物质在空间相互排列，叠加组合形成的。地球上所有自然事物都是物质的。所有物质事物都是能量存在的外在形式。物质事物的个体，都是一个能量包。要知道事物的规律，必须要知道能量是什么。

我们已经知道时间的变化是空间距离变化。所以我们讲时间时，一定不要忘记空间。物质的时空间变化，伴随着能量在时空间流动。因此，时空的变化，就（意味）是能量的变化。二者是统一的。在这里，要特别强调，时间不是等于空间，时空不是等于能量。而是时间的变化是空间的变化的表示，时空的变化是能量变化的表示。没有变化这一前题，上述三者之间的关系便不存在。

按照现代物理学，能量是做功的能力或做功的本领。功等于力和力推动物体运动所走距离的乘积。话句话说，能量和功是相当的，是同一事物的不同表达。按照 17 世纪后期，戈特弗里德·莱布尼茨（GottfriedLeibniz）的定义，能的量（E）等于质量（m）与其速度（v）平方的乘积（$E=mv^2$），并把这一能量命名为动能。以和而后物理学家定义的势能相互区别。并认为这两个能量是可以互相转变的，这种转变能量遵守能量守恒定律。近代爱因斯坦对能量的定义，能的量等于物体的质量（m）和光速（c）平方的乘积（$E=mc^2$）。这两个定义和概念都是建立在物体在平面时空和平面时空上的线性运动基础上。在这个时空框架下，物理学的力就是牛顿力。在牛顿力的理论框架内，物体的质量就是它的惰性质量。物体的惰性，是力推动它运动的难易程度。物体的质量越大，惰性越大，力就不容易推动它。爱因斯坦认为引力质量（两个有质量的物体相互吸引的力）就是惰性质量。一句话，在平面时空，能量是物体在力的作用下发生了空间变化的表现。一切在平面上的物体运动都是力的结果。我们常常习惯用'力'来解释一切物体的运动。只要有'力'这个字存在，力所推动的物体运动都发生在平面和直线时空。所谓引力质量和惰性质量，都是在平面和直线时空内的物理量和物理概念。

能量有不同的形式，如动能，势能，光能，热能，电能，化学能等。这些能量是可以相互转变（换）的。在能量相互转变的过程中，严格遵守能量守恒定律。

我们所处的空间是带轴性方向的自旋球形空间，简称为轴性自旋球形空间。轴性自旋球形空间有四个性质表现。第一，它有一个有方向的轴。轴的方向或向上，或向下。第二，它是绕轴自旋的。轴的方向和自旋方向遵守右手定则：即拇指的方向指向轴的方向，其它四指的方向则是球的自旋方向，或呈逆时针方向，或呈顺时针方向。第三，它有一个质量中心，围绕质心是具有能量表现的场。场的能量密度随着球的半径的增大而减弱。第四，轴性自旋球形空间曲度方向朝向球的中心。换言之，曲度是有方向性的，是矢量。

两个不同的轴性自旋球形空间，由于它们的曲度方向相反，所以互相吸引。我们通常将这一空间叫做引力场。同一场的场内能量，不同半径场空间的能量，只有密度的差别和曲度大小的差别，没有方向的差别。所以，能量是标量。不同场的能量密度，因场中心物体的质量不同，场的能量密度而不同。因场中心物体的质量密度不同，场的能量密度也因而不同。

牛顿时代，他知道两个物体是互相吸引的。但他并不知道两个物体为什么互相吸引。轴性自旋球形空间学说就可以解释这一现象。

物体的轴性自旋球形空间也是该物体的引力场。物体的轴性自旋球形空间是无限大的，其引力场也是无限大的。

由于物体的引力场是无限大的，两个物体的球形空间或引力场必然有一部分相交叉重合，即使它们之间的距离是遥远的。所以，一个物体与另一个物体的相互吸引和相互发生作用是与生具有的。也可以说是固有的。或者说是瞬间发生的。当观察者没有观察一物体时，自然不会想到它们之间是互相吸引和相互作用的。当观察者观察观察它时，仿佛突然发现了它们之间是相互吸引和相互作用的。实际上，是观察者自作多情，认为自己有了重大发现。

既然如此，就不存在所谓的超距作用，也不存在所谓场的传播速度等于光速一说。

由于任何两个物体都互相吸引，互相发生作用。宏观物体如此，微观粒子也是如此。这种互相之间的吸引，或互相之间的相互作用，是与生自有的。

粒子这种互相吸引和互相作用，是否是两个粒子或多个粒子发生量子纠缠的物理基础，有待实验证实。如果粒子之间的互相吸引，或互相作用是粒子纠缠的物理基础，则所有相同的两个粒子或几个粒子都会发生纠缠。同理，所有不同的两个粒子或几个粒子也会发生纠缠。

物体之间的引力现象，不存在引力场的超距作用，也不存在引力场的传播速度等于光速的假设。因为只要物体存在，它们之间就存在场的曲面相交，就存在场的互相吸引或互相作用。同理，粒子之间的相互作用或纠缠，也不存在鬼魅现象。因为只要粒子存在，它们之间就存在场的曲面相交，就存在场的互相吸引，互相作用或相互纠缠。

换言之，物体之间的相互吸引和相互作用是固有的。粒子之间的相互纠缠也是固有的。如果没有人去观察它，就不会注意到它们之间相互吸引，相互作用，相互纠缠。只有观察者有意要观察它们时，才会惊呼，它们之间相互吸引，相互作用，相互纠缠。

氢原子核的质量是 $1.67e10^{-27}$ 千克（即小数点后 27 个零）。和宏观物体的质量相比，简直可以说微不足道。原子核质子的半径大约 10^{-15} 米（即小数点后 15 个零）。根据面积公式（面积 $=2\pi$ 半径^2）氢原子核的曲度空间单位面积的能量密度约为宏观物体曲度空间的 10^{30} 次方倍以上（大约）。

虽然原子的质量和空间度量远远小于宏观物体，所以原子场的能量密度却远远大于宏观物体场的能量密度。由于原子空间内的能量密度与宏观物体空间的能量密度差异如此之巨大，以至于原子空间内的中心粒子原子核的表现被称为正电，或又被称作为质子。绕原子核作轨道运动的粒子的表现被称为负电，或又被称作为电子。可见宏观物体的场能和微观粒子的场能是没有本质的区别。他们都属于场能。二者的差别只是微观粒子的场能密度太大或场能太强，而宏观物体的场能密度太小或场能太弱。

在轴性自旋球形空间，空间的半径越小，曲度越大，质量的密度越大，能量的密度也越大。可见能量的密度或大小是空间曲度决定的。曲度越大，能量的密度越大。如果能量密度可用势能来描述，高曲度伴有高能量密度比喻为高势能，那么低曲度伴有的低能量密度则可比喻为低势能。于是曲度越大，能量密度越大，能量的势能越大。反之，曲度越小，能量的密度越小，或者说能量的势能越小。在波尔原子模型中，电子有不同的能量级轨道，即不同的曲度轨道。在不同的曲度轨道，电子的能量是不同的。可见，能量的大小或高低是空间曲度的表现。曲度不变，能量不变。

光子和其它粒子一样，也是一个轴性自旋球形能量空间。和宏观物体的能量密度相比，光子的能量曲度，远远大于宏观能量曲度。当光子从微观原子内释放后，进入宏观空间，犹如物体从高势能向低势能运动，速度可达每秒三十万千米。光子在运动中保持其曲度不变，也就是保持能量不变。故光子和光子的能量可以从遥远的天体，经过数亿年到达地球而不衰减。

可见，质量和能量并不完全是等同的。原子核是原子的中心，原子核的质量是它的曲度能和场能的中心。质量所表现的能量，是质量所在空间曲度大小的表现。质量携带能量的高低或大小表现是它所在的空间曲度决定的。所谓的强核力就是特别高的曲度和曲度能的表现。

物质或物体的场能量总离不开物质或物体的质量。同理，物质的质量也离不开能量。但物质或物体的质量并不等于它的场能量。物体质量的场空间是无限大的，而物体的质量只集中在场的中心。因曲度不同，其质量和能量密度也不同。但物体的场是指其质量周围的空间。在这个空间内，空间曲度越大，能量的密度和曲度越大。可见，质量不等于能量。

把爱因斯坦的能量方程（$E=mc^2$），叫做质能方程，并认为能量和质量是等同的，能量等于质量。这种观点和概念是错误的。由此得出的一切理论和结论都是错误的。

物理常说的质量是静止质量，是平面直线时空内的静止质量。把爱因斯坦的质和能的方程看作表达单位静止质量携带最大能量的方程，而不是将能量和质量之间画上了等号的方程。

在原子核聚变的过程中，能量以光能和热能的形式从原子或原子核的高曲度或高势能部位流向低曲度或低势能的宏观场部位，即地球空间。也就是说，能量逃离了原来的系统，逃离了原来的核曲度空间，进入另一个宏观场或平面直线时空系统。并不是质量转变为能量的结果。由于能量离不开质量，核聚变能量的释放，能量从一个系统流向另一个系统总伴有质量的亏损。反之，如果能量从一个低曲度系统流向另一个高曲度系统，总伴有质量的增益。

在这个轴性自旋球形空间内，物体只有两种运动：一是母物体的绕轴自旋运动，如太阳的自旋运动，另一个是子物体绕母物体的轨道运动，如太阳系内行星的运动。如果物体没有自己的子物体，物体只有绕自己的自旋轴旋转运动，如月亮。自旋运动和轨道运动都不是力的结果，而是曲度能量存在或能量曲度的一种表达。宏观物体的时空间是轴性自旋球形空间，是质量和能量的存在形式。微观粒子，如原子，电子，光子的时空也是轴性自旋球形空间，也是质量和能量的存在形式。一切宏观物体和微观粒子的存在，都仅仅是质量和能量的存在的一种形式表现。

轴性自旋球形空间是能量空间，轴性自旋球形空间是一个能量包。轴性自旋球形空间是一个有弯曲度的空间。因此，我们可以称轴性自旋球形空间是曲度空间。在这个曲度空间内，时间，距离，能量都带有曲度的性质。时间，距离，能量三者都是弯曲的。即空间有曲度，是弯曲的。时间有曲度，时间是弯曲的。能量也有曲度，能量也是弯曲的。于是，时间或时间曲度的变化就是空间曲度的变化，就是能量曲度的变化。在这个弯曲的时空内，能量被曲度禁锢，能量是不可以溢出曲度空间以外的。由于曲度空间的能是不能运动的，所以曲度能量是无法量度的。如果能量可以离开自己系统，如电子在光子的打击下，从原子空间运动到地球宏观场内，原子携带的曲度能也随着溢出。于是，这个电子的动能，除了光子打击给与的动能，也包括电子本身的曲度能。如果一个光子的全部能量都转化为一个电子的动能，在这一动能的驱使下，电子可以逃离了原子空间，则该电子的总能量大于那个光子的能量。电子的总能量减去那个光子的能量，其差值便是那个电子携带的曲度能。于是，这一曲度能便是可以量度的了。

可见，能量是物质运动的表现。

能量无论是由高曲度或高势能系统流向低曲度或低势能系统，或由低曲度或低势能系统流向高曲度或高势能系统，这些流动全是被动的过程，是吸收来自于其它形式的能量过程。

在曲度空间，既没有牛顿力，也没有牛顿力遇到的惰性，也没有爱因斯坦的所说的引力质量和惰性质量。

在轴性自旋球形空间，空间的半径越小，曲度越大，质量的密度越大，能量的密度也越大。如微观物体原子核的半径大约10^{-15}米，即小数点后 15 个零。

根据面积公式（面积=2π半径^2）原子核的曲度空间单位面积的能量密度约为宏观物体曲度空间的10^{30}次方倍以上（大约）。如果把高曲度伴有高能量密度比喻为高势能，那么低曲度伴有的低能量密度则可比喻为低势能。在这里，轴性自旋球形空间内的势能和地球表面空间的势能含义是不一样的。地球表面空间的势能是由距离地面的高度决定的。

随着轴性自旋球形空间的半径增大，其能量密度和其对应的势能也随着减小。换言之，物体的场能密度随着轴性自旋球形空间的半径增大而减小。物体的场能密度随着轴性自旋球形空间的曲度减小而减小。

当原子裂变或聚变时，原子内部的能量从微观高曲度的高势能系统溢出，流向宏观低曲度的低势能地球系统，这个势能差转化为光能，动能和热能，这就是为什么原子核裂变会释放巨大出能量的原因。

自然界，一切事物和它的个体的存在和变化都是都是曲度能量的存在和变化的表现或结果。

如生物，人体的细胞都是近于球形的。其内的一切生理活动，都是具有曲度的能量活动。其内能量的活动，都是曲度能量的存在和表达形式。动物细胞如此，植物细胞也是如此。我们常说的生物能便是曲度能。我们习惯说，脑力，肌肉力，光合作用力等，也都是曲度能。其实，上述力的概念都是一种习惯说法。这种说法是不严谨的。在轴性自旋球形空间，是不存在力的。由于曲度时空内物质没有惰性，生物细胞内的化学过程、如植物的光合化学过程，动物细胞内的氧化过程都是温和的，非剧烈的。这些发生在生物体内的生化过程，和人为的平面时空内的化学氧化过程比较，前者发生在无惰性的条件下，是温和的氧化过程，后者发生在有惰性的情况下，是剧烈的燃烧过程。

　　可见，力和伴随它的概念，如惰性，距离，速度，能量等，都是平面时空的表达，是人为的。力仅仅是物体在平面时空上物体的运动原因表达。这个力只能创造非自然事物和其个体，即人为事物和其个体，即有关人的衣、食、住（如楼房等各种建筑物）、行（如各种陆地上的各种车，水上的各种舰船，空中飞行的各种飞行器等）事物和其个体。

轴性自旋球形空间，能量或曲度能量是被曲度禁锢而不能流动的。曲度大的部位，能量的密度大。在这个空间内，物体的自旋运动和物体的轨道运动，都是曲度能量存在和运动形式。换言之，曲度空间的能量存在是由物体自旋和轨道运动表达的。

曲度能量被禁锢在曲度空间，而不能随意离开自己的空间系统，这个被禁锢的能量也是无法量度的。

曲度空间，只有曲面运动。反之，平面直线空间只有直线运动。

天体的自旋，也不是力的结果，它是轴性自旋球形空间能量的表现或表达。物体单位体积内的质量越大，其能量密度越大，其自旋速度越大，自旋周期越小。如银河系中心的物体，可能是一个巨大的黑洞。它的质量大约是太阳的六十万倍（10^{36}千克）。然而，他的自旋周期大约只有 317 秒（见书后注），即每 5.3 分钟就自旋一周（太阳的自旋周期是 25 天）。轨道运动速度和物体自身的质量是没有关系的。我们习惯将能量密度和质量的大小相提并论。实际上，二者虽相关，但是又不完全等同。能量不等同于质量。如在氢原子的轴性自旋球形空间内，原子核的质量，和宏观物体的质量相比，是非常小的。但论及场的能量密度，即曲度空间的能量密度，原子核场的能量密度远远大于宏观物体场的能量密度。如铀原子核裂变和氢原子的核聚变，巨大能量从高曲度的原子核溢出，流向低曲度的地球空间。核裂变和核聚变（能）用于发电和原子弹爆炸产生的巨大的光能和热能就是这一理论的应用。

原子是由的带正电的原子核和带负电的电子构成。原子的轴性自旋球形场空间表现，就是我们常说的磁场。原子内电子的振荡，引起我们称作磁场的振荡，形成所谓的原子空间震荡的"引力波"，即光波。一个光波，一个光子。光子是自旋的，所以光子也是一个轴性自旋球形场空间，也是一个能量包，是一个轴性自旋球形空间能量包。光是原子内电子由高能轨道向低能轨道跃迁时引起原子场空间震荡的表现形式，即磁场的振荡产生的引力波。因此它是电磁波。可见光子是原子场空间振荡的结果或表现形式。把光子看作是传递电磁引力的所谓的引力子，似乎是不妥的。

宏观物体的轴性球状空间能量密度太低，场振荡波产生的引力波的能量太小，以至我们感觉或观察不到它。除非物体的质量特别大，如黑洞振荡产生的引力波才会被我们发现。

现代物理和科学技术，已经实现了可以看到粒子的形态。如原子是球形的，电子是球形的，光子也是球形的。所有微观粒子都有自己的自旋方向，包括光子。这些都从客观观察和实验中，证实了轴性自旋球形空间的理论是正确的。

轴性自旋球形空间是一个自旋能量包。所有宏观物体，微观粒子，都是自旋能量包。如原子也是一个自旋能量包，光子也是一个自旋能量包。可见轴性自旋球形空间的理论具有普遍性。在这个能量包的时空内，只有能量和能量运动的表现。在这个能量包的时空内，我们观察到物体的运动，不是力的结果，而是能量存在和能量的表现。

人有个特点，即对一切事物的运动，都要问一个为什么。人类为了探索自然界的秘密，建立了很多很多的学科和科学的研究方法。如物理学。于是牛顿和他物体运动的三大定律诞生了。这三个定律的核心是力和力的计算和数学描述。牛顿力是发生在平面和平面直线（或平面曲线上，本文忽略）的运动，是人为的。如果将所谓牛顿万有引力仅仅看作是轴性球形空间的曲度能量表达，也是可以的。但必须强调，这是人为的表达。

物体运动学中的所谓牛顿力，所谓的引力质量和惰性质量，只是人为的三维时间空间内的物理性质。

虽然如此，牛顿力学是已经经过实验证实的，无可否认，它是正确的。

爱因斯坦已认识到，空间物体的下落运动不是力的结果，而是空间弯曲的结果。爱因斯坦广义相对论方程表达的是：物体（如太阳）告诉空间如何弯曲，空间弯曲告诉物体（如行星）如何运动。爱因斯坦的理论仅仅说空间是弯曲的，这是不够的。应该是物体的空间是球形的，是有轴的，是绕轴自旋的。最遗憾的是，爱因斯坦的广义相对论方程组是无（法）解的。因为空间是轴性自旋球形空间，不是仅仅只有局部的弯曲。爱因斯坦已认识到时间和空间是一回事，并把时间空间合称为时空。但他又自相矛盾，又将时间作为一维，和平面三维空间合起来称为爱因斯坦四维空间。这个概念是不确切的，因为平面三维内的空间变化就是时间变化。

宇宙中所有的天体，都是轴性自旋球形的能量包。银河系由四级时空组成。第一级是银河中心大质量物体，它有个巨大的轴性自旋球形空间。这个空间是一个巨大的能量包。这个能量包空间统领着无数的星团和恒星系。第二级是绕银河中心并沿一定轨道运动的天体。它的质量小于银河中心的物体。如星团系，恒星系。恒星系如太阳，它又统领很多行星。第三级是行星系，它的质量小于恒星。行星有的统领着一个或很多月亮。如，地球有一个月亮，土星有多达 145 个月亮。第四级是月亮，它的质量最小。到了月亮这一级，它只统领自己，因为它没有自己的卫星。从第一级到第四级，时空的曲度和能量的密度越来愈小，轨道速度也越来越小，天体的自旋周期因其质量不同而不同。一般而言，天体的轨道周期大多数大于它的自旋周期。但到达月亮时，它的自旋周期则完全等于轨道周期。

说起来，构成宇宙内的时空是简单的，单纯的，不是人们所想象的那样复杂。那就是轴性自旋球形时空。这一理论解释了以前物理不能回答的所有问题。

如，金星为什么顺时针自旋，电和磁是什么，光是什么。除此之外，没有其它任何形式的时空。

在物理界和天文物理界，有两种物理和数学关系的表达：一种是物理数学，他建立在实物（可看得见的宏观物体或微观物体）的基础上，用数学的形式表达物体的存在状态。是唯物主义的表现。如牛顿的三个运动定律和它的公式，开普勒的轨道运动周期公式和翟氏的天体自旋周期计算公式（见注）。另一种是数学物理，它建立在纯数学的基础上，用纯数学的方式解释物体的存在状态。脱离物体，用纯数理论推导出很多时空模型，如弹性纤维编织网样的各种各样的时空，如漏斗状时空，马鞍状时空，虫洞时空，弦样时空论等。但是这些时空不是现实世界的表现，或者说现实世界并不服从那些数学方程。可见数学物理都是唯心主义的表现。所谓的弯曲的测地面和测地线，都是人为的。没有现代的飞机，火箭，航天器等的诞生，没有这些方面的科学诞生，就不会诞生弯曲的测地面和测地线。这一弯曲的测地面，可以把它想象成为类似或等于爱因斯坦的弯曲时空。

宇宙的时空是曲度能量时空。所以，在天体之间的时空也有能量和能量分布，它不是虚空的。所以，真空的空间，也不是真的空，其内也有曲度能量。宇宙的时空也不是想象的类似纤维编织的弹性网。

但宇宙是什么，宇宙是否也是一个更大的轴性自旋球形能量包，它如何统领无数的银河系，宇宙中心是否也有个更大质量的物体，所有这些疑问，今天科学家是无法回答的。人类总想知道宇宙的秘密，总想知道宇宙是如何形成的。但是我们所知甚少。今天，我们有了太空望远镜，发现了前所未有的天文实景和我们现实学说解释不了的现象。对宇宙有了新的认识，并对早期天文物理学家认为宇宙的现在是宇宙物质奇点大爆炸的结果的理论已经提出了怀疑。大爆炸学说和圣经所说的神造天地的说法，没有多大的区别。

事实上，轴性自旋球形空间，因为有自旋和自旋产生的作用（我们暂且称之为离心力），削弱了中心的质量密度和能量密度。质量越大，自旋周期越短，这种削弱作用（自旋产生的离心力的作用）越大。所以，轴性自旋球形空间内，不存在所谓的质量，能量和曲度无限大的奇点。

宏观物体的自旋运动和轨道运动是波的运动。微观粒子的自旋运动和轨道运动也是波的运动。所以，当我们观察宏观物体时，宏观物体既是粒子（宏观粒子），也是波。当我们观察微观粒子时，粒子既是粒子，也是波。所以，光子既是粒子，也是波。其它所有粒子也和光子一样，都具有波粒二相性。

所谓的量子力学，它的最基本的理论点是一切能量的传播都是不连续的，是一份一份的。这个"一份"便是量子。并强调所有微观粒子都是量子态。我们把微观粒子，放在宏观背景（因为我们的实验室和实验条件都离不开地球这个宏观大背景）下，用宏观的物理学方法去研究（如用加速器加速粒子，用光子打击电子）。于是便诞生了量子理论和量子力学理论。终究，毕竟微观粒子不是宏观粒子，微观粒子和宏观背景及宏观物理的研究方法是不适配的。于是，便有了测不准原理，或不确定性原理，是海森堡于1927年提出的物理学原理。他指出：不可能同时精确确定一个基本粒子的位置和动量（质量和速度的乘积）。你要想准确知道粒子的位置，就不能准确知道物体的动量。反之亦然。测不准原理和测不准在量子世界随时可见。如，当你看到粒子是波时，再看却是粒子。当你看见它是粒子时，再看却是波。所谓波粒二相性，是此理也。我们永远不能确定箱子里面的猫是死猫还是活猫。这便是量子学理论中的最有名悖论（似非而是-paradox），即薛定谔的猫"论，是薛定谔在思考量子力学时构想的一场思想实验。他提出将一只生机勃勃的猫置于一个带有量子机关毒气瓶的箱子里，然后将其密封起来。毒气瓶的开启由一个放射性原子控制，这个原子有50%的概率在24小时内发生衰变。如果原子衰变了，放出

的 α 粒子会触发机关，打破毒气瓶，那么猫就注定要死亡；但如果原子没有衰变，那么毒气瓶依旧完整，猫自然也就能安然无恙。问题是，因测不准，在不知道原子何时会衰变的情况下，我们无法确定盒子内的猫是活着还是已经死了。只有当我们打开盒子查看时，猫的生死才会确定。

量子的表现和量子力学是建立在实验基础上的，它的所有计算方程都是经过实验证实了的，尽管它有不确定性，但它的计算方法是统计学方法，结果都是可靠的。我们今天的手机等高科技产品，都是和量子力学的研究成果分不开的。

但也不要忘记，所有微观粒子都是一个轴性自旋的球形能量包。它是一个确定的粒子和能量包。因此，所谓量子"力"学，是没有力的。微观粒子的所有物理性质，也仅仅是能量的存在和能量曲度的表现。至于场内曲度能量，是否是连续的，还是不连续的，目前还不知道。如果是不连续的，也是一份一份的，就可以将宏观场能量子化。

理解了上述的理论和概念，就不难理解时间，空间，能量和曲度四者之间的关系。

在平面时空，如果用ΔE表达能量的变化，ΔT表达时间的变化，ΔS表达空间的变化，三者之间的关系可用下面的公式表达：

$$\Delta E = \Delta T = \Delta S$$

在曲面球形时空，如果用$\overset{\circ}{\Delta E}$表达能量的曲度变化，$\overset{\circ}{\Delta T}$表达时间的曲度变化，$\overset{\circ}{\Delta s}$表达空间的曲度变化，三者之间的关系可用下面的公式表达

$$\overset{\circ}{\Delta E} = \overset{\circ}{\Delta T} = \overset{\circ}{\Delta s}$$

由于自然力在自然事物内的表现太复杂，至今，我们对人体的生理和病理的理解还是非常肤浅的。如人体内，葡萄糖的燃烧（氧化过程）变成的能量，这个能量为什么会产生精神和意识活动，精神和意识是什么，至今仍然是个迷。我们虽然已经对蛋白质的一些立体结构有了部分认识，但蛋白质如何发挥它的作用，

并引起一定的生理效应，我们仍然不知道，仍然还是一头雾水。同理，我们对动物和植物的生理的理解，也是非常有限的。

所谓自然力，指的就是曲度能量的表现或表达。这种表现或表达，我们习惯称之为自然力。

由于我们对所谓的自然力，即对自然曲度能量的规律，所知甚少，在此也就不能做太多的讨论。我们只能笼统地说，人类为了延续种族的生存，在大自然第一力（大自然需求力）及第二力（自然变化力）的作用下，从个体的自身结构到其功能，从人类整体的结构到其功能，都必需作出相应的调整，以适应于自然力的变化或大自然的要求。自然力创造了自然事物或其个体。但自然力如何创造了生物，自然力如何创造了植物，自然力如何创造了人和动物，我们都不知道。

我们推断，生物的最早形式是有机物。是无机物在适当的条件下，进化成有机物。有机物再进化到蛋白质。蛋白质再进化到单细胞生物，而单细胞再进化到多细胞生物。进而植物和动物再进化的链条上诞生了。于是，人也因进化而诞生。

自然力如何创造了山和大海，自然力如何创造了地震、火山，如此等等，我们知道的太少太少了。我们只能在宏观尺度范围内讨论曲度能量和所谓的自然力。我们仅仅能说，自然力是曲度能量的表现或表达。我们仅仅能说一切自然事物都是物质的，都是能量的存在表现，都是一个能量包。在这个能量包内，我们观察到的所有运动，都是曲度能量的表现。因此，我们不能确切的回答到底自然力是什么的问题。自然力是一种习惯说法。自然世界是曲度空间，没有平面和直线，没有牛顿力。自然界只有曲度能量和曲度能量的转换和流动。一切自然事物的诞生和生命过程是曲度能量的表达，而不是力的表现。但究竟能量的曲度和曲度能量怎样表达，怎样计算，科学家也是不清楚的。

能量小结

最后，让我们用爱因斯坦的质能公式作一小结。时间的变化，空间的变化和能量的变化是物体质量运动的表现。没有物体和它的质量的运动，就没有时间，没有空间，也没有能量。时间的变化，空间的变化，能量的变化和质量运动变化是等价的。所以爱因斯坦的质能公式($E = mc^2$)是正确的。但必须强调，这里的能量和质量不是静止能量和静止质量，是运动状态下变化的能量和质量。静止质量和运动质量是不一样的两个概念。如果用Δm表示质量运动的变化，Δt表示时间运动的变化，Δs表示空间的运动变化，ΔE表示能量的运动变化，则爱因斯坦的上述公式可改写如下：

$$\Delta E = \Delta m \left(\frac{\Delta s}{\Delta t}\right)^2$$

如核聚变时，Δm指的就是质量亏损，就是质量的运动变化。$\frac{\Delta s}{\Delta t}$代表单位时间内单位空间距离的变化。用光速的平方代替$\left(\frac{\Delta s}{\Delta t}\right)^2$，于是，爱因斯坦的质能公式又可改写成如下形式：

$$\Delta E = \Delta m(c)^2$$

光子是一个能量包。它的静止质量是零。但它的运动质量并不等于零。频率一个赫兹的光子的能量等于 $4.135667697 \times 10^{-15}$ 电子伏特，等于 $6.62607015 \times 10^{-34}$ 焦耳。

光的速度等于每秒 299792458 米。

按照上述公式，一个频率等于一赫兹的光子质量等于

$$\left(\Delta m = \frac{\Delta E}{c^2} = \frac{6.62607015e-34}{(299792458)^2} = 7.37249732381 27E-51\right)$$ $7.37249732 \times 10^{-51}$ 千克(小数点后面 51 个零)，或 $7.37249732 \times 10^{-48}$ 克(小数点后面 48 个零)。一个电子的静止质量约为 9.109×10^{-31} 千克。一个电子的质量是一个频率等于 1 的光子质量的 1.2355379×10^{20} 倍。

光子是运动的，因此它有运动质量。假设这一质量位于光子轴性自旋球形空间的中心，则光子是由光子的中心质量和其周围的曲度场构成。和宏观物体和宏观物体的场一样，光子的场也是无限大的，其场的

能量密度和能量曲度随着场半径的增大而减小。

尽管运动中的光子质量非常非常小，尽管运动中光子的场的强度非常非常弱，当它靠近大质量的天体时，就会因为二者之间的引力作用而发生偏折。如果遇见更大质量的天体，光子有可能获得轨道速度绕天体运动，形成一个光子环。

由于光子质量非常非常小，它在曲度非常小的曲度真空空间内可以直线传播、飞行。

两个光子之间的球形场的曲度方向相反，或自旋轴的方向相反，自旋方向相反。所以，光子之间是既可互相吸引，也是互相作用的。

同光子一样，任何宏观物体或微观粒子，都和光子一样，是互相吸引的。同光子一样，所有微观粒子，也可以是互相作用的。

粒子之间的互相作用，是先天具有的。所以它们之间互相纠缠。

注：参考文献

1. Zhai. Xiao zhong. 2025. The Formulas for Calculating Surface Gravity and Rotational period of celestial Body and Black hole in Axial Spherical-Space. Science open.

2. Zhai. Xiao zhong. 2021. A formula for calculating the rotational period of planet and star. Preprint. DOI:10.21203/rs.3.rs-859954/v2.

作者简介：

翟晓钟，男，生于 1942 年 9 月 10 日。中国河南永城县人，现寓居丹麦。神经外科医生，毕业位于原上海第一医学院，也是华山医院神经外科 1978 届研究生，师从陈公白教授，从事杏仁核的生理研究，曾发表多篇文章和著述。妻杜秀兰，育有三个女儿。

www.ingramcontent.com/pod-product-compliance
Lightning Source LLC
Chambersburg PA
CBHW021605210326
41599CB00010B/618